星空写真家
KAGAYA 月と星座

春
の
星座

監修・写真 **KAGAYA**

文 山下美樹

金の星社

はじめに

夜空は宇宙を見わたす窓のようなものです。
まだまだなぞが多い広大な宇宙は、
たくさんのおどろきに満ちています。
月や星について知ると、
これからの人生の楽しみも増えることでしょう。
夜空はこれからもずっとみなさんの上に
広がっているのですから。
夜空を見上げることは、
とてもかんたんでだれにでもできます。
もし興味を持たれたら、この本を片手に
ぜひ夜空を見上げてみてください。

星空写真家 KAGAYA

桜と春の星ぼし（2023年 新潟県）

もくじ

※写真の（　）内には、撮影年・撮影場所を記しています。

北斗七星と春の大曲線（2023 年 山梨県）

春の星座

　春の北の空では、北斗七星のあるおおぐま座、北極星のあるこぐま座が見ごろです。北斗七星の柄のカーブをのばしてできる春の大曲線と、うしかい座、おとめ座、しし座にある3つの星をつないだ春の大三角は、星座をさがすときの目印になります。ほかにも、全天で一番大きいうみへび座など、春の空には大きくて見ごたえのある星座がたくさんあります。

天頂（頭の真上）

東 南 西
北

北

デネブ
はくちょう座
ケフェウス座
カシオペヤ座
ペルセウス座
こと座
ベガ
こぐま座
北極星
カペラ
りゅう座
きりん座
ぎょしゃ座
ヘルクレス座
北斗七星
やまねこ座
オリオン座
かんむり座
おおぐま座
カストル
ふたご座
ポルックス
ベテルギウス
りょうけん座
こじし座
かに座
こいぬ座
春の大曲線
うしかい座
アークトゥルス
かみのけ座
ししの大鎌
レグルス
プロキオン
へびつかい座
へび（頭）座
春の大三角
デネボラ
しし座
いっかくじゅう座
ろくぶんぎ座
おおいぬ座
おとめ座
コップ座
へび座
さそり座
てんびん座
スピカ
からす座
うみへび座
とも座
おおかみ座
ポンプ座
ケンタウルス座
らしんばん座
ほ座

南

円の外側にある東・西・南・北の文字のうち、見たい方角の文字が下になるように回転させると、その方角の星空のようすがわかる。

この星空が見える時期
3月中旬の0時ごろ
4月中旬の22時ごろ
5月中旬の20時ごろ

春の夜に見える星空

春の星座をさがすには、北斗七星からたどるとよいでしょう。北斗七星はひしゃくの形で、おおぐま座の一部です。北極星のあるこぐま座も小さなひしゃくの形をしています。おおぐま座とこぐま座は親子のくまで、神が尾をつかん

で天にあげたから、長い尾になったと伝わっています。北斗七星の柄のカーブをのばすと、うしかい座の1等星アークトゥルス、おとめ座の1等星スピカが見つかります。このカーブを「春の大曲線」と呼びます。

南の空に目を向けると「？」をうら返した形

北

東

西

南

星座の起源は約 5000年前のメソポタミア。星を結んで神話の英雄や動物をえがいた。実際の空に線や絵はない。

※この全天図や星座絵の星の色は、実際の星の色のちがいを元に、わかりやすく色分けしています。

が目につきます。しし座の頭部で、西洋の草かり鎌に似ているので「ししの大鎌」と呼ばれます。しし座の尾に光る 2 等星のデネボラと、アークトゥルス、スピカを結んだ形が「春の大三角」です。スピカは「穂先」という意味で、星座絵では女神が麦の穂を持っています。

星の明るさ

「等級」は、星の明るさを表します。数値が小さいほど明るく、肉眼では 6 等星まで見えます。等級が 1 段階上がると約 2.5 倍明るく、1 等星は 6 等星の約 100 倍の明るさです。

1等級	2等級	3等級	4等級	5等級	6等級

こぐま座(ざ)

北極星(ほっきょくせい)

アークトゥルス

北斗七星(ほくとしちせい)

スピカ

おおぐま座(ざ)

北斗七星(ほくとしちせい)のひしゃくの先の2つの星を結(むす)んだ長さを5倍すると、北極星(ほっきょくせい)にたどりつく。

おおぐま座(ざ)
こぐま座(ざ)
Ursa Major / Ursa Minor

　春の北の空で目立つ星のならびといえば、ひしゃくの形をした北斗七星(ほくとしちせい)です。北斗七星(ほくとしちせい)はおおぐま座(ざ)の腰(こし)から尾(お)の部分にあたります。おおぐま座(ざ)は、全天88星座(せいざ)のうち3番目に大きな星座(せいざ)です。こぐま座(ざ)は小さなひしゃくの形で、北斗七星(ほくとしちせい)と向かい合った位置(いち)にあります。ひしゃくの柄(え)の先端(せんたん)が北極星(ほっきょくせい)です。

高原のおおぐま座とこぐま座（2024 年 愛媛県・四国カルスト）

春の大曲線

アークトゥルス

スピカ

デネボラ

北斗七星の柄のカーブをそのままのばすとアークトゥルスに、さらにのばす
とスピカにたどりつく。

月の明かりと春の大三角（2024 年 長野県）

春の大三角

The Spring Triangle

　春の大三角は、うしかい座の1等星アークトゥルス、おとめ座の1等星スピカ、しし座の2等星デネボラを結んでできる大きな三角形です。デネボラは、春の大曲線のカーブを円弧に見立てたときの、円の中心点あたりをさがすと見つかります。3つの星のかがやきは、春の星座をさがすときの目印にもなります。

八ヶ岳からのぼるうしかい座（2021 年 長野県）

北斗七星 (ほくとしちせい)
りょうけん座 (ざ)
春の大曲線
うしかい座 (ざ)
アークトゥルス
かんむり座 (ざ)

うしかい座 (ざ)
りょうけん座 (ざ)
かんむり座 (ざ)
Bootes / Canes Venatici / Corona Borealis

北斗七星 (ほくとしちせい) の柄のカーブをのばした先にある明るい星が、1 等星のアークトゥルスです。この星からネクタイのような形にならんでいるのがうしかい座です。りょうけん座は、うしかいが連れている 2 匹 (ひき) の犬の星座 (せいざ) で、北斗七星 (ほくとしちせい) の柄のそばにあります。かんむり座はきれいな半円形をしていて、空が暗い場所なら見つけやすい星座 (せいざ) です。

おとめ座
かみのけ座
Virgo / Coma Berenices

　春の大曲線をのばした先の2つ目の明るい星が、1等星のスピカです。このスピカからY字にならぶ星ぼしが、おとめ座の目印です。おとめ（座）は、農業の女神とも正義の女神ともいわれ、正義の女神がてんびん（座）を使っていたとされています。かみのけ座は暗い星の集団ですが、空が暗い場所なら意外と見つけられます。

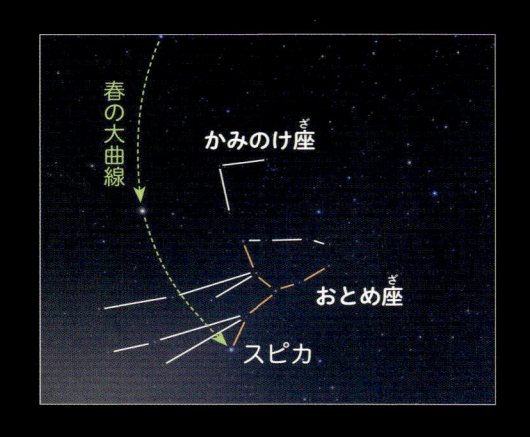

おとめ座とかみのけ座
（2021年 長野県）

てんびん座とアンタレス（2024 年 長野県）

てんびん座 Libra

てんびん座は、おとめ座の足もとで「く」の字をぎゃくにした形にならぶ星が目印です。てんびんは、正義の女神が善悪をはかるときに使った道具とされています。目立つ星はないものの、さそり座の頭の先をさがしていくと見つかります。

さそり座　てんびん座

樹上にのぼるしし座とこじし座（2023 年 北海道）

こじし座

ししの<ruby>大鎌<rt>おおがま</rt></ruby>

レグルス

プロキオン

デネボラ

しし座

シリウス

しし<ruby>座<rt>ざ</rt></ruby>
こじし座
Leo / Leo Minor

　しし<ruby>座<rt>ざ</rt></ruby>は、しし（ライオン）が空をかけ上がる形の、わかりやすい星座です。「？」を<ruby>裏返<rt>うらがえ</rt></ruby>したような形に星がならぶ「ししの<ruby>大鎌<rt>おおがま</rt></ruby>」が<ruby>目印<rt>めじるし</rt></ruby>です。南のやや高い空で１等星レグルスをさがし、「ししの<ruby>大鎌<rt>おおがま</rt></ruby>」をたどりましょう。この部分はししの頭部にあたります。ししの<ruby>尾<rt>お</rt></ruby>の先にある星は、春の大三角のデネボラです。こじし座は、しし座の頭の上にある、あまり目立たない<ruby>星座<rt>せいざ</rt></ruby>です。

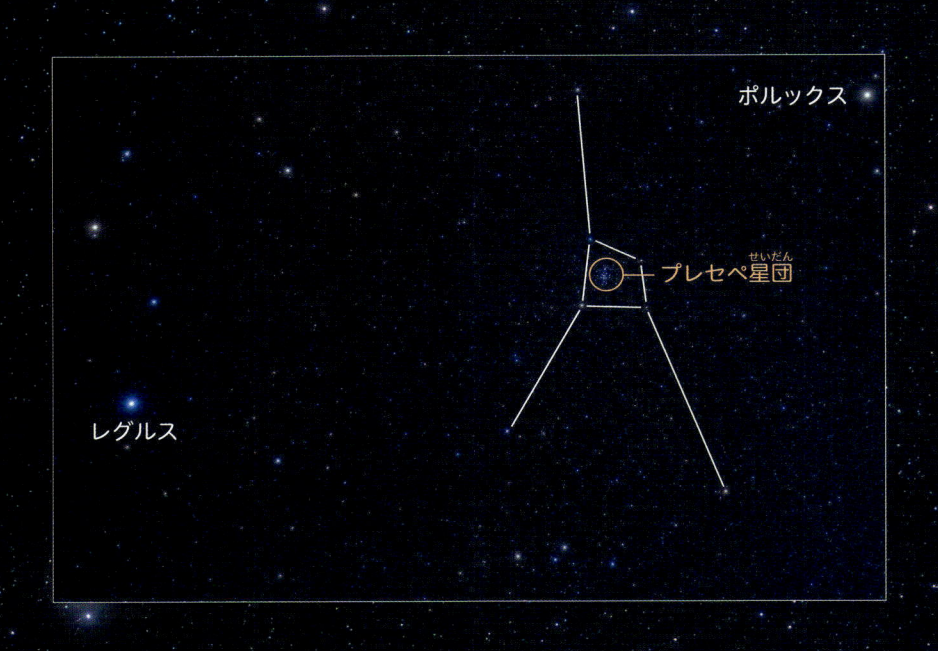

ポルックス

プレセペ星団_{せいだん}

レグルス

かに座
Cancer

　かに座には明るい星がないため、しし座とふたご座の星を手がかりにさがしましょう。空が暗い場所なら、しし座の1等星レグルスとふたご座の1等星ポルックスの間に、小さな四角形にならぶ星が見つかります。これが、かにの甲羅にあたります。四角形の中には、たくさんの星が集まったプレセペ星団 M44[※] が見えます。

※『冬の星座』21ページ参照。

暗やみに光るかに座（2021 年 山梨県）

しし座

春の大曲線

スピカ

コップ座

からす座

ろくぶんぎ座

うみへび座

アルファルド

夜明け前のうみへび座（2024年 高知県）

うみへび座

Hydra

　うみへび座は全天で最大の星座です。頭から尾までの全体が空にのぼるのに、8時間かかります。しし座の南をさがすと、うみへび座の心臓にあたる、2等星のアルファルドが見つかります。空の暗い場所なら、この星を起点に頭と尾まで星をつなぐのはむずかしくありません。からす座を見つけたあと、その足元に横たわるうみへび座をさがしてもよいでしょう。

からす座
コップ座
ろくぶんぎ座

Corvus / Crater / Sextans

　春の大曲線の先にある、ゆがんだ台形の星のならびは、からす座です。みなみじゅうじ座をさがすときの目印になるので、覚えておくとよいでしょう。コップ座とろくぶんぎ座は、からす座のとなりにならんでいます。

おおかみ座

ケンタウルス座

リギルケンタウルス

ケンタウルス座とおおかみ座
（2019 年 沖縄県・宮古島）

ケンタウルス座
おおかみ座

Centaurus / Lupus

ケンタウルスはギリシャ神話に登場する種族で、上半身が人間、下半身が馬のすがたをしています。ケンタウルス座は、沖縄や小笠原では、春から夏にかけてほぼ全身が見られます。ケンタウルスの足先にある2つの1等星のうち、おおかみ座に近い方のリギルケンタウルスは、太陽に最も距離が近い星です。おおかみ座は、ケンタウルスにやりで突かれたすがたをしています。

海岸のみなみじゅうじ座（2023年 沖縄県・石垣島）

からす座から

みなみじゅうじ座

Crux

　みなみじゅうじ座は、南半球の代表的な星座ですが、じつは日本でも見られます。鹿児島では十字の一番上の星までが、沖縄や小笠原では十字全体が、地平線ぎりぎりのところに見えます。真南にのぼったからす座から目線を下におろすと、からす座の台形とほぼ同じ大きさのみなみじゅうじ座が見られます。全天88星座の中で最も小さい星座です。

星の1日の動き

Daily Movement of the Stars

星は、時間がたつにつれて、見える位置が変わっていきます。
これは、地球が1日に1回自転しているためです。

星の日周運動

　夜空の星は、太陽や月と同じく、地球の自転によって、東からのぼって西にしずむように動いて見えます。このような星の動きを日周運動といいます。地球は約24時間で1回転（360°）するので、星は1時間で約15°動いて見えます。

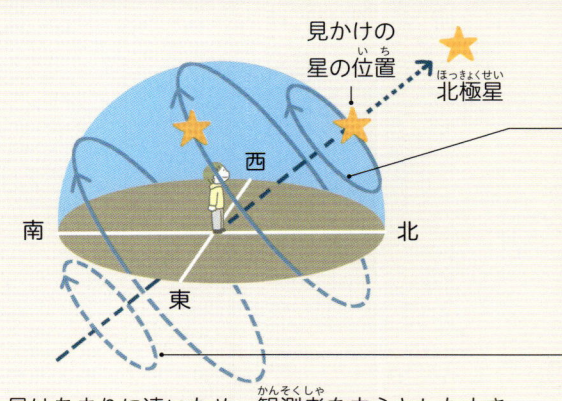

星はあまりに遠いため、観測者を中心とした大きな球面にはりついているように見えます。この仮想の球面を「天球」といいます。

北の空

68分間の定点撮影。北極星を中心に星がまわっているようすがわかる。（2022年 佐賀県）

星が東から西へ動いているように見えますが、実際は地球のほうが西から東へ自転しています。

日本では、南の空のこの部分は地平線の下にかくれて見えません。なお、北の空には北極星がありますが、南の空に南極星はありません。

方角によって星の動きはちがう

　東の空では、星が地平線からのぼっていくのが見え、南の空では、東からのぼった星が最も高くなるようすが見えます。西の空では、南で高くなった星が地平線へしずむのが見えます。北の空では、星は北極星のまわりを反時計回りにまわります。自転軸の先にある北極星は、回転の中心なので動きません。

東の空

南の空

西の空

季節で変わる星空

Seasonal Changes in the Starry Sky

　季節がうつり変わると、見える星座も変わります。これは、地球が太陽のまわりを1年かけて公転しているためです。

春の空に見えるしし座

夏の空に見えるさそり座

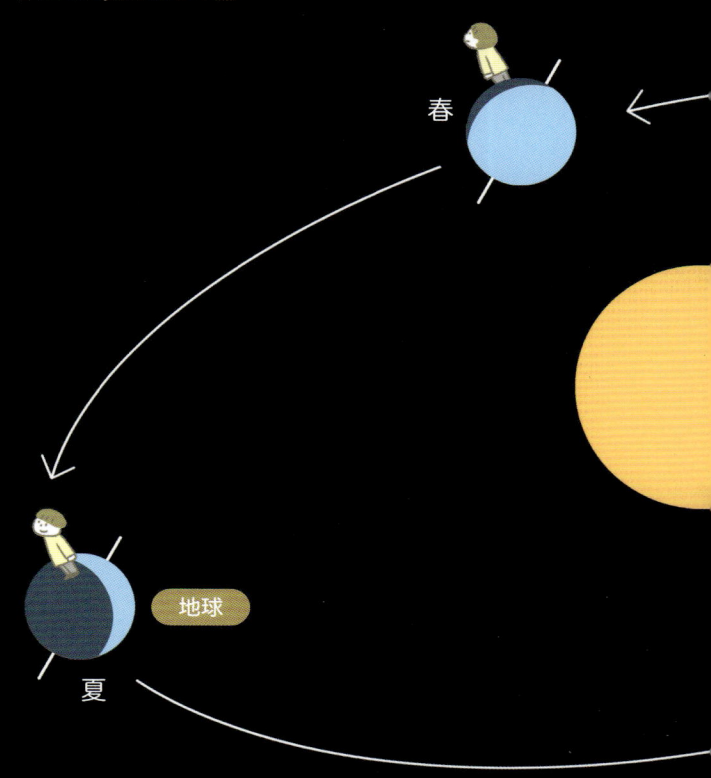

春

地球

夏

星の年周運動

　毎日同じ時間に同じ場所で星の動きを見ていると、星座の位置が少しずつずれていくことに気づくでしょう。星は1日あたり約1°、1か月で約30°西へずれて、1年たつと1周して元の位置にもどってきます。そのため、星がのぼる時間は、1日あたり約4分ずつ、1か月で約2時間早くなっています。

　この動きは、地球が太陽のまわりを公転しているためで、年周運動といいます。春はしし座、夏はさそり座、秋はペガスス座、冬はオリオン座というように、季節ごとに異なる星座が見えるのも、年周運動によるものです。

しし座の 1か月ごとの動き

同じ時刻で見ると、星の位置は1か月で約30°ずつ西へずれます。星がのぼる時刻は、1か月で約2時間早くなります。

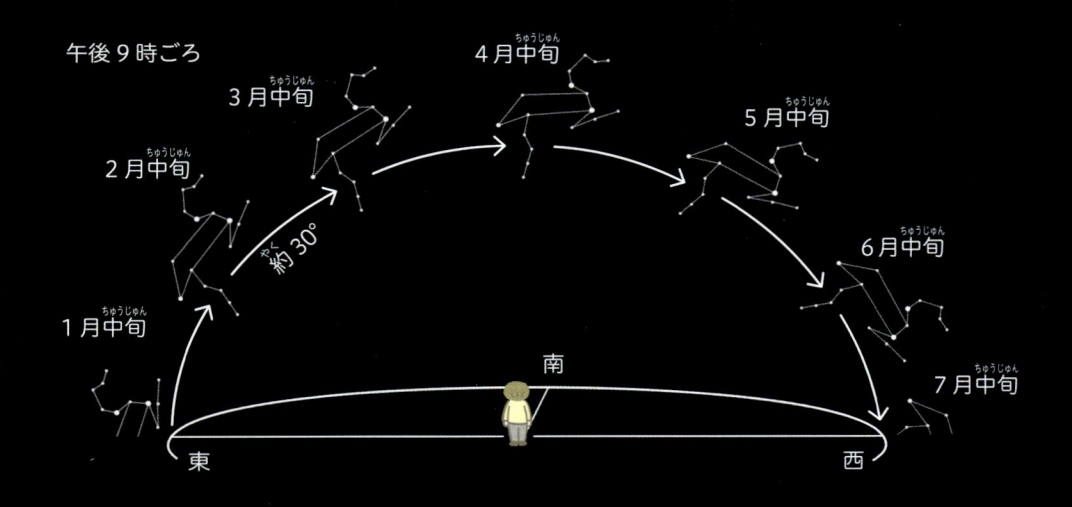

午後9時ごろ
1月中旬
2月中旬
3月中旬
4月中旬
5月中旬
6月中旬
7月中旬
約30°
南
東
西

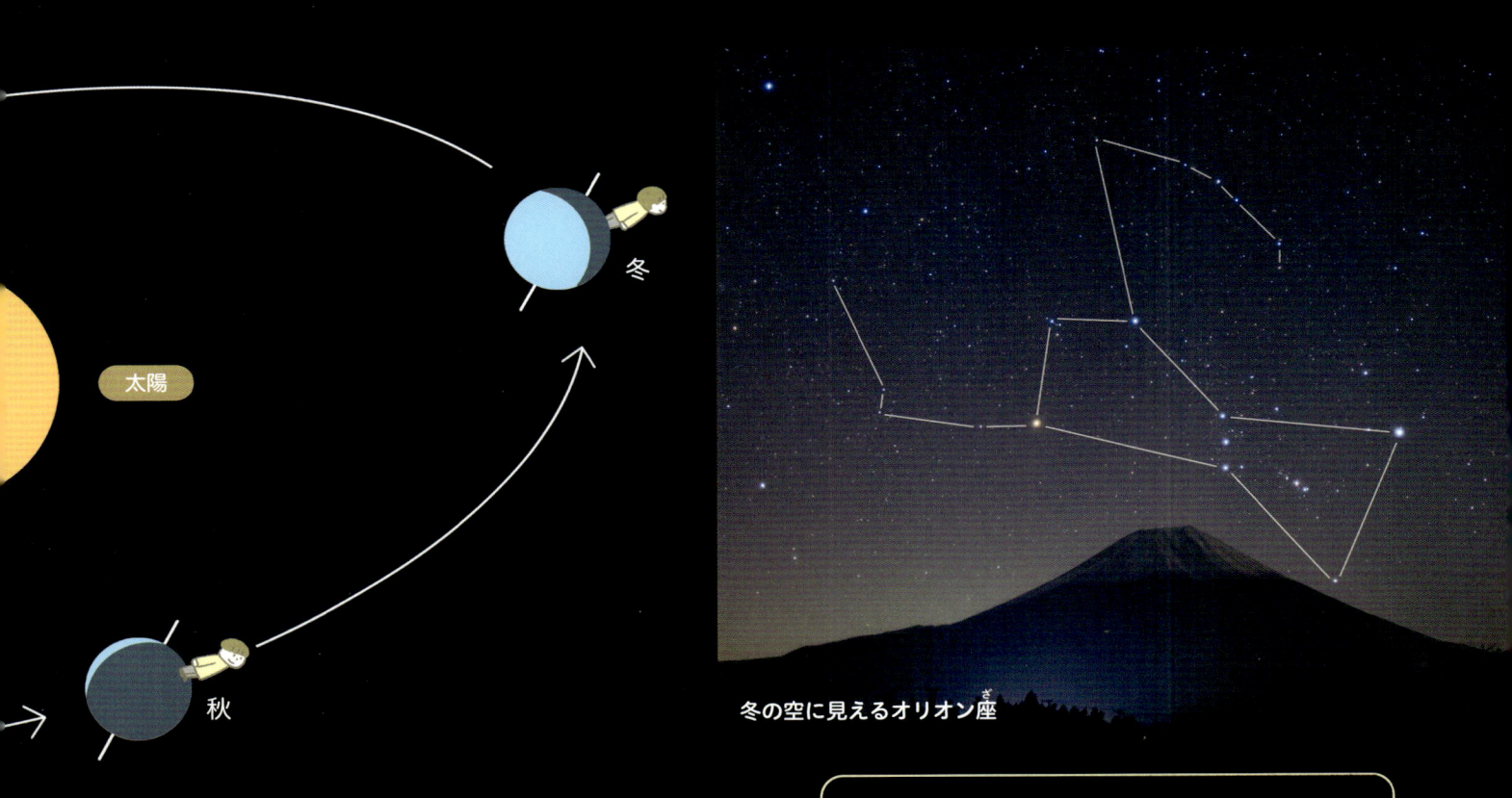

太陽

冬

秋

冬の空に見えるオリオン座

秋の空に見えるペガスス座

北極と南極では、一年中見える星座は変わらない

北極では、北極星がいつも天頂に見えます。ほかの星座も同じ高さのまま、一年中同じ星座が見えます。ただし、星座の見える方角は東から西へずれていき、1年で1周します。南極でも、北極星の正反対にある天の南極を中心に、一年中同じ星座が見えます。

黄道12星座
The 12 Zodiacal Constellations

太陽の通り道にある星座たち

　黄道12星座とは、天球上の太陽の通り道「黄道」にある12個の星座のことです。おひつじ座、おうし座、ふたご座、かに座、しし座、おとめ座、てんびん座、さそり座、いて座、やぎ座、みずがめ座、うお座があります。星座占いが生まれた約2000年前には、空の位置の基準となる春分点がおひつじ座

にあったため、おひつじ座が1番目です。黄道12星座は、星占いで誕生星座として使われるだけで、科学的な意味はありません。それでも、星占いで星座を覚えた人もいるのではないでしょうか。季節ごとの目印の星座を覚えたら、次に黄道12星座をさがしてみるのもよいかもしれませんね。

夜空にならぶ3つの星座（2024年 宮崎県）

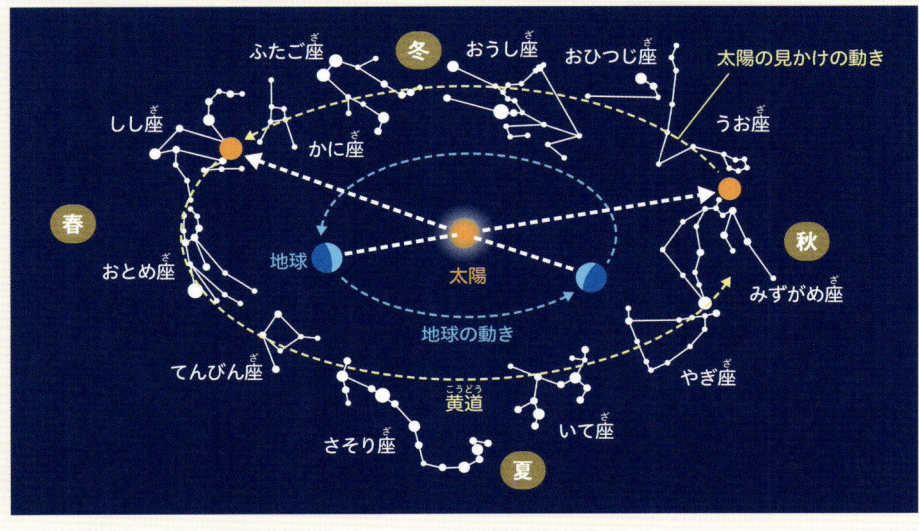

（図中のラベル）
ふたご座　冬　おうし座　おひつじ座
太陽の見かけの動き
しし座　かに座　うお座
春　おとめ座　地球　太陽　秋
てんびん座　地球の動き　みずがめ座
さそり座　夏　黄道　いて座　やぎ座

地球の動きと誕生星座

　誕生星座は、誕生日のころに地球から見て太陽の方向にあります。左の図のまん中が太陽です。地球が太陽のまわりを公転していくと、太陽の方向にある星座もうつり変わっていくのがわかります。

31

自分の誕生星座を見つけよう

おひつじ座
（3/21〜4/20）

おうし座
（4/21〜5/21）

ふたご座
（5/22〜6/21）

てんびん座
（9/24〜10/23）

さそり座
（10/24〜11/22）

いて座
（11/23〜12/22）

うお座

黄道

みずがめ座

やぎ座

いて座

さそり座

てんびん座

誕生星座は、誕生日の夜には太陽を追うようにしてしずんでいくため、見ごろではありません。自分の誕生星座を見るなら、誕生日の4〜5か月前が見ごろです。

かに座
（6/22〜7/23）

しし座
（7/24〜8/23）

おとめ座
（8/24〜9/23）

やぎ座
（12/23〜1/20）

みずがめ座
（1/21〜2/19）

うお座
（2/20〜3/20）

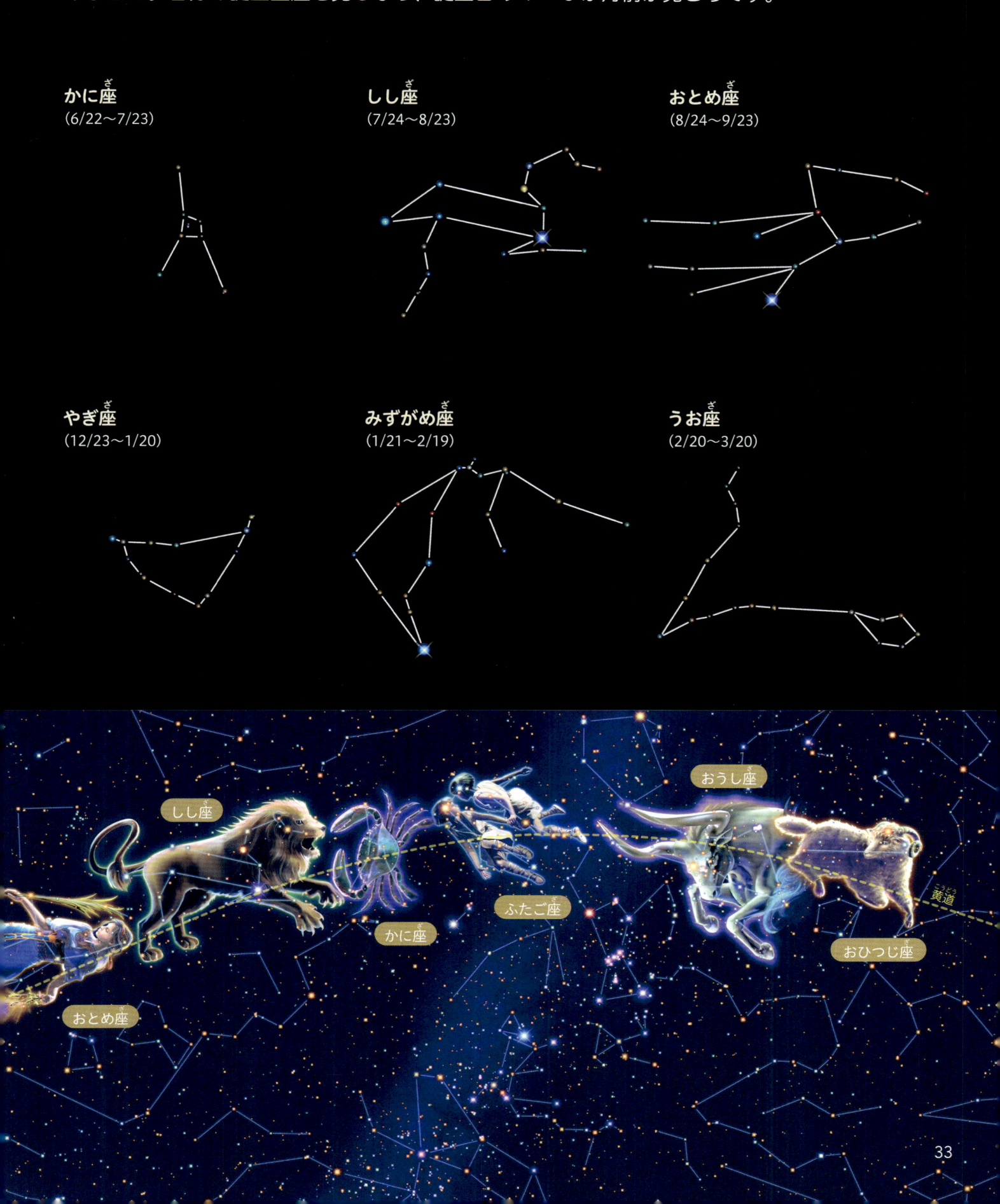

太陽系の惑星

Planets of the Solar System

土星 ☉

海王星 ○

木星 ☉

火星 ☉

天王星 ○

月 ●

金星 ☉

水星 ○

地球

夜明けの空に勢ぞろいした惑星（2022 年 千葉県）

水星から土星までは目で見える

太陽系の惑星は、それぞれ地球と同じように太陽のまわりをまわっています。内側から水星、金星、地球、火星、木星、土星、天王星、海王星の8つです。水星から土星までは、肉眼ではっきり見ることができます。天王星は、空が暗い場所ならぎりぎり肉眼で見える明るさです。海王星は高倍率の双眼鏡か望遠鏡があれば見ることができます。

太陽系のすべての惑星は、黄道の近くを、一枚の面に沿うようにほぼ平らにまわっています。そのため、地球からは黄道上に惑星がならんでいるようすを見ることができます。

海王星

天王星

水星

火星 金星 太陽

地球

木星

土星

水星
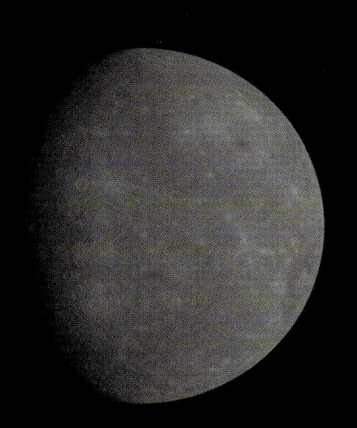
岩石惑星（がんせきわくせい）
太陽系（たいようけい）で最（もっと）も小さい惑星（わくせい）です。昼夜（ちゅうや）の温度差（どさ）は太陽系（たいようけい）の中で一番大きく、約600度もあります。

金星

岩石惑星（がんせきわくせい）
太陽系（たいようけい）で最（もっと）も明るく見える惑星（わくせい）です。厚（あつ）い雲でおおわれていて、太陽光（たいようこう）を約78%（やく）はね返しています。

地球

岩石惑星（がんせきわくせい）
太陽系（たいようけい）でただひとつ水が表面をおおう惑星（わくせい）です。人類（じんるい）が暮（く）らす星であり、さまざまな生き物を育む命の星です。

火星

岩石惑星（がんせきわくせい）
火山や水が流れていた地形（ち）が残（のこ）る惑星（わくせい）です。人類（じんるい）の移住計画（いじゅう）が検討（けんとう）されています。

木星

ガス惑星（わくせい）
太陽系最大（たいようけいさいだい）の巨大（きょだい）なガス惑星（わくせい）です。表面には大赤班（だいせきはん）という巨大（きょだい）なうずやたくさんのしまのもようがあります。

土星

ガス惑星（わくせい）
美しい環（わ）が特徴（とくちょう）の巨大（きょ）なガス惑星（だい）です。板状（いたじょう）に見える環（わ）は、氷の粒（つぶ）が集まったものです。

天王星

氷惑星（こおりわくせい）
自転軸（じてんじく）が大きくかたむいている、巨大（きょだい）な氷惑星（こおりわくせい）です。ほぼ横倒（よこだお）しで太陽のまわりをまわっています。

海王星
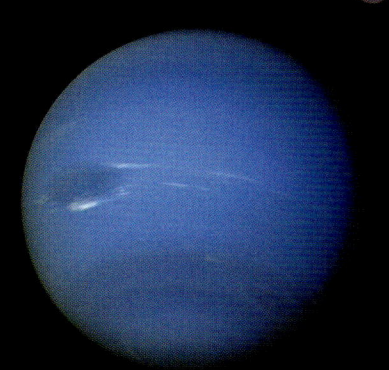
氷惑星（こおりわくせい）
太陽系（たいようけい）で一番外側（そとがわ）をまわる、巨大（きょだい）な氷惑（こおりわく）星です。表面温度が−220度（ごっかん）の極寒（ごっかん）の世界です。

※このページに掲載（けいさい）している惑星（わくせい）の大きさは、それぞれ実際（じっさい）の比率（ひりつ）と異（こと）なります。

写真提供（しゃしんていきょう）：NASA

南半球の星座

Stars of the Southern Hemisphere

　日本が春の時期、季節がぎゃくとなる南半球では、秋になります。南半球の秋の星座の見どころは、空高くのぼるケンタウルス座の2つの1等星と南十字です。どちらも、日本では低い空にしか見えません。南十字の近くにはニセ十字と呼ばれる4つの星がありますが、石炭袋という暗黒星雲※とえくぼ星があるほうが本物です。

※『冬の星座』11ページ参照。

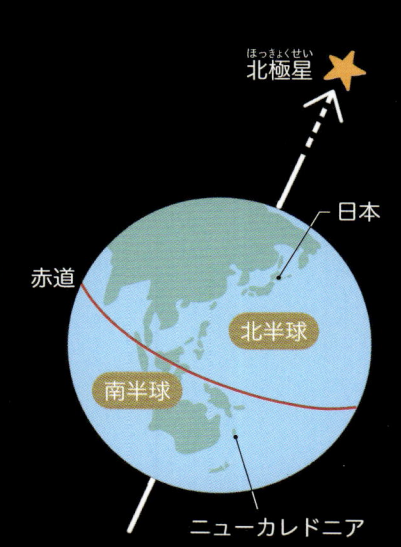

北極星

日本

赤道

北半球

南半球

ニューカレドニア

南半球の天の川
（2019年 フランス領ニューカレドニア）
分割して撮った天の川の写真を合成。

おおかみ座

へび座

さそり座

ケンタウルス座

みなみ
じゅうじ座

ニセ十字

木星

ケンタウルス座の
1等星

石炭袋
（暗黒星雲）

えくぼ星

ほ座

へびつかい座

いて座

らしんばん座

りゅうこつ座

土星

大マゼラン雲

とも座

星空の観察

星空の観察に出かけるときの、場所選びのコツや
おすすめの服装・持ちものをしょうかいします。

ポイント 1

空が暗く、見晴らしの
よい場所をさがす

　たくさんの星を見たいなら、街明かりの
ないまっ暗な場所で見るのが一番です。た
だ、そのようなところは不便で行きづらい
ものです。初めての星空観察なら、まずは
交通の便がよく、宿泊施設のあるところが
よいでしょう。都会の明かりから離れてい
て空が暗く、見晴らしのよい場所がおすす
めです。山・海・高原から、行きやすい場
所をさがしてみてください。

（新潟県）

山あいの低いところは空がせまい
ので、標高の高いところがよい。

（富山県）

海は見晴らしがよくおすすめ。夏
は南側が海だと天の川が見える。

（岩手県）

高原リゾートや、夏のスキー場もおすすめ。標高が高いと空気がすんで
いて星が見やすい。

夏に、星空を
見るための
リフトを運行する
スキー場もある。

ポイント 2
夏でも防寒対策を

虫よけにもなるので、長そで長ズボンが基本のスタイルです。標高が100m高くなるごとに気温は0.6度下がります。山や高原へ行くときは、標高差を考え、夏でも防寒対策が必要です。季節を先取りした防寒着を持っていきましょう。

KAGAYAさんの撮影時の服装。左は春、右は夏のとき。

春・秋
冬の防寒着を用意。保温下着に厚手の長そでシャツ、うす手のダウンジャケットなどを重ね着する。

夏
秋の防寒着を用意。長そでシャツの上にウインドブレーカーなどをはおる。

冬
真冬の防寒着を用意。保温下着に厚手のフリースとダウンジャケット、防寒パンツなどを重ね着。

ポイント 3
観測グッズを用意する

夜道は暗いので、必ずライトを用意しましょう。ヘッドライトやネックライトなら、両手があくので安全です。冬はカイロ、夏は虫よけスプレーも必須アイテムです。アルミマットは防水で保温性もあり、寝転んで星を見るのに便利です。

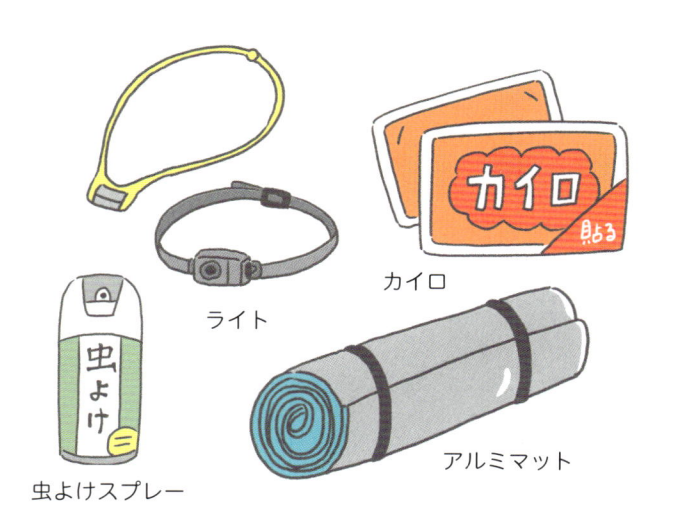

カイロ

ライト

虫よけスプレー

アルミマット

✱ 監修・写真

星空写真家・プラネタリウム映像クリエイター

KAGAYA（カガヤ）

1968年、埼玉県生まれ。宇宙と神話の世界を描くアーティスト。プラネタリウム番組「銀河鉄道の夜」が全国で上映され観覧者数100万人を超える大ヒット。一方で写真家としても人気を博し、写真集などを多数刊行。星空写真は小学校理科の教科書にも採用される。写真を投稿発表するX（旧Twitter）のフォロワーは90万人を超える。天文普及とアーティストとしての功績をたたえられ、小惑星11949番はkagayayutaka（カガヤユタカ）と命名されている。
X：@ KAGAYA_11949　Instagram：@ kagaya11949

✱ 文　山下美樹（やました みき）

1972年、埼玉県生まれ。NTT勤務、IT・天文ライターを経て童話作家となる。幼年童話、科学読み物を中心に執筆している。主な作品に、小学校国語の教科書で紹介された『「はやぶさ」がとどけたタイムカプセル』などの探査機シリーズ（文溪堂）、「かがくのお話」シリーズ（西東社）など。日本児童文芸家協会会員。

全天図・星座絵／KAGAYA　　編集／WILL（内野陽子・木島由里子）
図解イラスト／高村あゆみ　　DTP／WILL（小林真美・新井麻衣子）
デザイン／鷹觜麻衣子　　校正／村井みちよ

表紙写真　表：月の明かりと春の大三角（2024年 長野県）
　　　　　裏：ふみきりとしぶんぎ座流星群（2022年 千葉県）
P.1 写真　北の空の星の動き（2022年 佐賀県）

※この本では春に見やすい星座を紹介していますが、
　写真は必ずしも春に撮影したものとは限りません。

星空写真家 KAGAYA 月と星座
春の星座

2025年3月　初版発行

監修・写真　KAGAYA
文　　　　　山下美樹
編　　　　　WILLこども知育研究所

発行所　　株式会社 金の星社
　　　　　〒111-0056　東京都台東区小島1-4-3
　　　　　電話　03-3861-1861（代表）
　　　　　FAX　03-3861-1507
　　　　　振替　00100-0-64678
　　　　　ホームページ　https://www.kinnohoshi.co.jp
印刷　　　株式会社 広済堂ネクスト
製本　　　株式会社 難波製本

40ページ　28.7cm　NDC440　ISBN978-4-323-05272-4
乱丁落丁本は、ご面倒ですが小社販売部宛にご送付ください。
送料小社負担にてお取替えいたします。
© KAGAYA, Miki Yamashita and WILL 2025
Published by KIN-NO-HOSHI SHA, Ltd, Tokyo, Japan

よりよい本づくりをめざして

お客様のご意見・ご感想をうかがいたく、読者アンケートにご協力ください。

◀アンケート
ご記入画面は
こちら

星空写真家

KAGAYA
月と星座

全5巻

監修・写真＊KAGAYA

文＊山下美樹　編＊WILLこども知育研究所

A4変型判　40ページ　NDC440（天文学・宇宙科学）　図書館用堅牢製本

月

春の星座

夏の星座

秋の星座

冬の星座

プラネタリウム映像や展覧会を手がけ、X（旧 Twitter）フォロワーは90万人以上の大人気星空写真家KAGAYA による、はじめての天体図鑑。美しく神秘的な写真で数々の天体をめぐり、夜空の楽しみ方をガイドします。巻末コラムでは、撮影で世界を飛び回る KAGAYA に、天体観測や撮影のアドバイスを聞いています。天体学習から広がる楽しみがいっぱいのシリーズ。

星座早見の使い方

星座は方角と角度がわかれば、さがすことができます。
星座早見を使って実際の夜空でさがしてみましょう。

星座早見で星座の位置を知ろう!

星座早見を使うと、いつ・どこに・どんな星座が見えるかをかんたんに調べることができます。使い方を覚えて星座をさがしてみましょう。星座早見は書店やインターネットなどで入手できます。

日付と時刻の目もりを合わせると、その日時に見える星座が中央の窓にあらわれる。

※月・惑星の位置は、星座早見にかかれていません。調べるときは、国立天文台のホームページやスマートフォンの星座アプリなどを使いましょう。

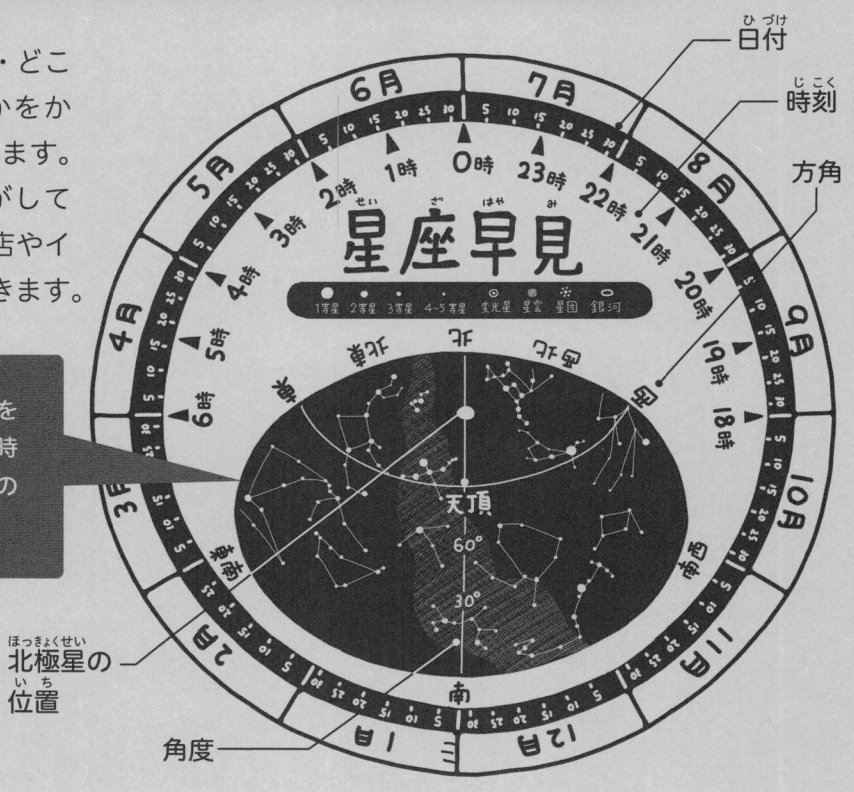

1 日付と時刻を合わせる

回転盤をまわして、日付の目もりと時刻の目もりを、観察する日時に合わせる。

7月7日の20時の場合、このように合わせる。